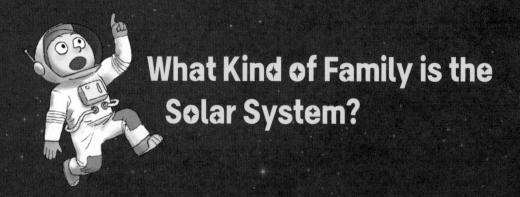

What Kind of Family is the Solar System?

In the big, big universe, there was a family: a sun mother and her eight children.

This family was called the Solar System, and everyone envied them, because they were all very powerful.

Thus, the sun and its associated planets are collectively known as a solar system.

At the centre of our solar system is our mum, the Sun, and around her are many planets, asteroids, comets(tail stars), and more.

The Sun is very, very big and powerful, and it's the only star in our solar system that can make its own light.

The Sun's eight children are Mercury, Venus, Earth, Mars, Jupiter, Saturn, Uranus, and Neptune.

We used to say that Pluto was the ninth planet in the solar system, but we don't include it now. Pluto will tell you why later.

For now, let's talk about our proud solar system family and its frequent guest, Comet.

In the Text

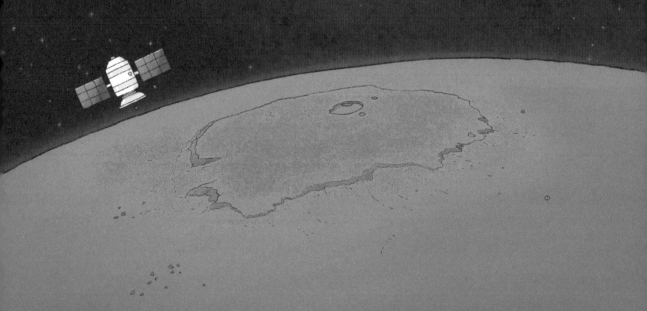

태양계, 어디까지 알고 있니?

과학생각 05

태양계, 어디까지 알고 있니?
What Do You Know about the Solar System?

1판 1쇄 | 2024년 10월 11일

글 | 서지원
그림 | 끌레몽

펴낸이 | 박현진
펴낸곳 | (주)풀과바람
주소 | 경기도 파주시 회동길 329(서패동, 파주출판도시)
전화 | 031) 955-9655~6
팩스 | 031) 955-9657
출판등록 | 2000년 4월 24일 제20-328호
블로그 | blog.naver.com/grassandwind
이메일 | grassandwind@hanmail.net

편집 | 이영란
디자인 | 박기준
마케팅 | 이승민

ⓒ 글 서지원 · 그림 끌레몽, 2024

값 13,000원
ISBN 978-89-8389-159-4 73440

※잘못 만들어진 책은 구입처에서 바꾸어 드립니다.

제품명 태양계, 어디까지 알고 있니? | **제조자명** (주)풀과바람 | **제조국명** 대한민국
전화번호 031)955-9655~6 | **주소** 경기도 파주시 회동길 329
제조년월 2024년 10월 11일 | **사용 연령** 8세 이상
KC마크는 이 제품이 공통안전기준에 적합하였음을 의미합니다.

⚠ **주의**

어린이가 책 모서리에
다치지 않게 주의하세요.

태양계, 어디까지 알고 있니?

서지원 글 · 끌레몽 그림

풀과바람

머리글

태양계는 어떤 가족일까?

넓고 넓은 우주에 어느 가족이 있었으니, 태양 엄마와 여덟 자녀예요.

이 가족을 '태양계'라고 부르며 모두 부러워해요. 태양계 가족은 저마다 뛰어난 능력을 갖췄거든요.

태양계는 태양과 그 주변을 도는 행성들이 있는 공간을 말해요.

태양계의 한가운데에는 태양 엄마가 있고, 그 주위를 여러 행성과 소행성, 혜성(꼬리별) 등이 뱅글뱅글 돌고 있지요.

태양은 아주아주 거대하고 강한 힘을 갖고 있어요. 게다가 유일하게 스스로 빛을 낼 수 있는 천체이지요. 그래서 태양은 태양계의 유일한 별이랍니다.

태양의 여덟 자녀는 수성, 금성, 지구, 화성, 목성, 토성, 천왕성, 해왕성이에요.

예전에는 명왕성도 태양계의 9번째 행성이라고 했는데, 지금은 명왕성을 끼워 주지 않아요. 그 이유는 나중에 명왕성이 들려줄 거예요.

지금부터 자랑스러운 태양계 가족과 종종 찾아오는 손님인 혜성에 관한 이야기를 들려줄게요.

서지원

차례

1등은 나야, 나!

태양계에서 제일 작고 빠른 날쌘돌이는 누굴까?
바로 태양계의 첫 번째 행성인 수성이야.

태양계에서 가장 살기 좋은 건 건 누굴까?
태양계의 세 번째 행성인 지구이지.
지구처럼 생명체가 살기 좋은 곳은 아직 발견되지
않았어.

태양계에서 가장 밝은 건 누굴까?
태양계의 두 번째 행성이자 이산화탄소(CO_2) 층이
덮고 있는 금성이지.

태양계에서 가장 밀도가 작은 건 누굴까?
태양계의 여섯 번째 행성인 토성이야.
크기는 목성이랑 비슷하지만, 밀도는 가
장 작은 편에 속하지.

태양계에서 제일 크고 무거운 건 누굴까?
태양계의 다섯 번째 행성인 목성이야.
목성은 지구보다 무려 11배나 더 크지.

어때, 우리는 모두 재주가 있는 형제들이야!

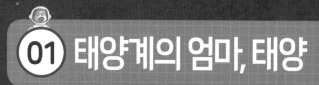

01 태양계의 엄마, 태양

태양의 구조

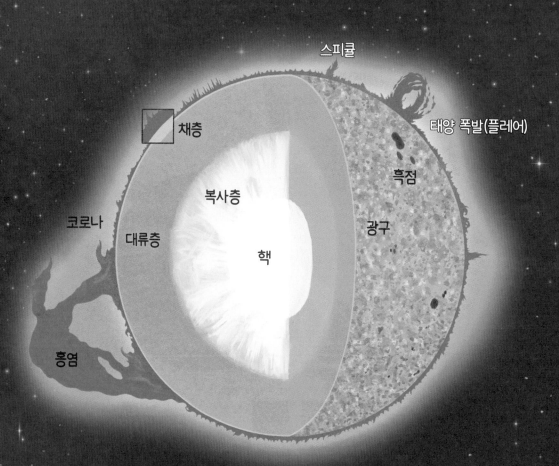

태양과 지구 사이의 거리는
약 1억 5천만 km.

태양에서 지구까지 빛의 속력
(1초에 30만 km)으로 가더라도 8분
20초나 걸릴 정도로 먼 거리이다.

으아, 열심히 달려도
8분 20초가 걸려!

빛

지구

태양

태양은 얼마나 밝을까?

나는 태양계의 엄마, 태양이야. 내가 없으면 지구에는 생명체가 살 수 없지. 태양계는 나를 중심으로 돈단다.

나는 아주아주 밝은 빛을 낸단다. 나는 그저 보기만 해도 위험할 정도로 밝고, 아주아주 강한 힘을 갖고 있어.

하지만 조심하렴. 만약 우주에서 나를 정면으로 바라본다면 너무 밝은 나머지 눈이 멀 수도 있으니까. 그러니 나를 볼 때는 검은 유리를 눈앞에 갖다 대야 해.

이 사실을 미처 몰랐던 과학자 갈릴레이는 맨눈으로 오랫동안 나를 관찰하다가 눈이 멀고 말았단다.

나의 햇빛 속에는 여러 가지 광선이 있어. 사람의 눈으로 볼 수 있는 빨주노초파남보 일곱 가지 색깔의 가시광선 말고도 빨간색 바깥의 적외선, 보라색 바깥의 자외선 그리고 X선 등이 들어 있지.

이런 여러 가지 광선들 때문에 나는 나쁜 균을 없애 주는 일도 하지만, 너무 오래 쬐면 피부가 빨갛게 되고, 심하면 화상도 입힐 수도 있으니 주의해야 해.

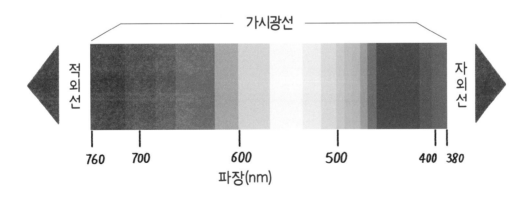

태양의 나이는 46억 살

나는 지금으로부터 약 46억 년 전에 태어났어.

아주아주 작은 우주 먼지와 가스 따위가 뭉쳤다가 폭발하면서 내가 만들어지게 된 것이지.

내가 지금처럼 뜨거운 빛을 내는 커다란 별이 되기까지는 약 5000만 년이 걸렸지. 오랜 시간이 지나는 동안 내 주변엔 많은 천체가 생겨났어.

나를 졸졸 따라다니는 행성이 8개, 위성 50개, 소행성의 수는 수만 개나 되고 떠돌이 유성체, 혜성 등으로 많지.

나를 중심으로 돌고 있는 모든 천체를 통틀어 '태양계'라고 해.

과학자들은 내가 죽으면 지구나 다른 행성들이 거대한 얼음덩어리가 될 거래.

하지만 너무 걱정하지는 마. 언젠가 나의 죽음이 다가오긴 하겠지만, 그건 적어도 앞으로 50억 년 뒤에 생길 일이거든.

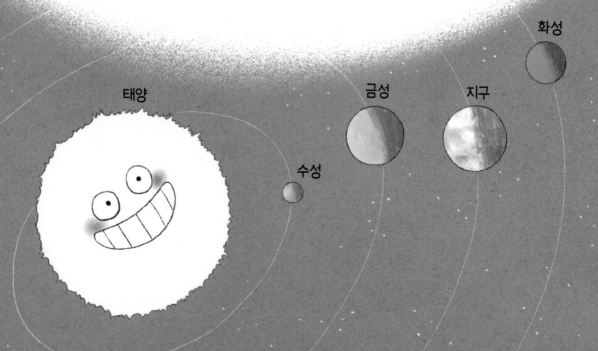

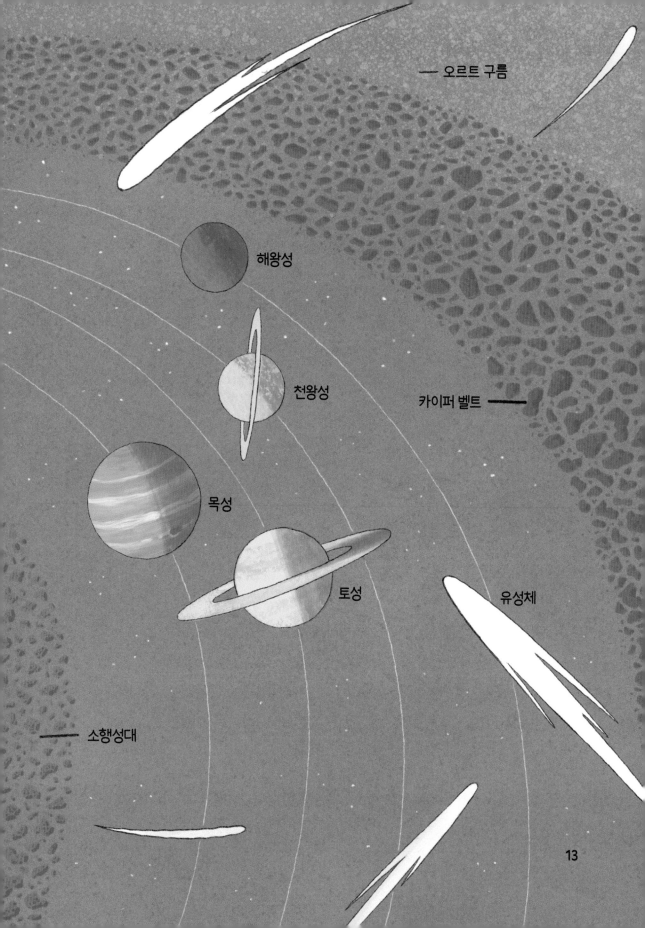

오르트 구름

해왕성

천왕성

카이퍼 벨트

목성

토성

유성체

소행성대

13

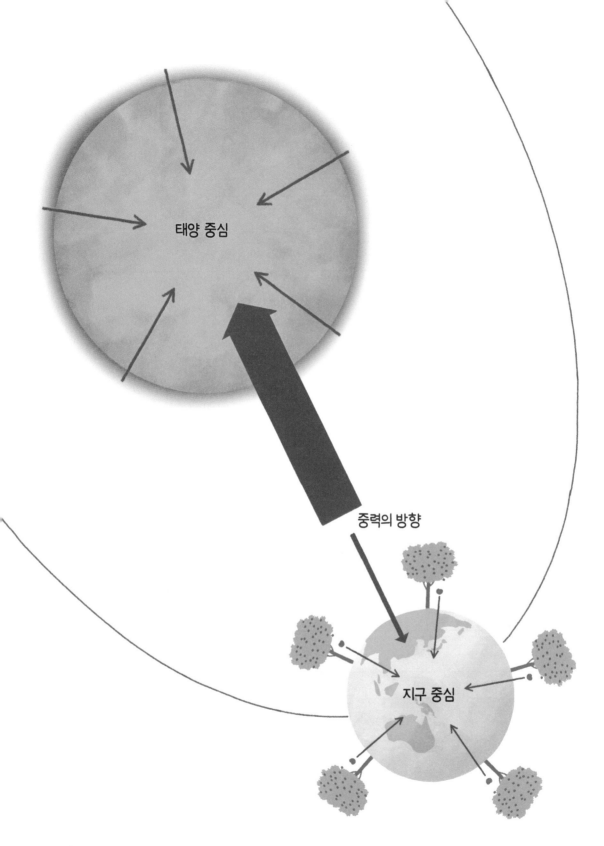

태양 중심

중력의 방향

지구 중심

14

태양은 이글이글 불타는 가스 덩어리

나는 겉모양이 공처럼 둥글지만, 지구처럼 딱딱한 땅을 갖고 있지는 않아.

내 몸은 이글이글 뜨거운 가스들과 수소로 가득 채워져 있지. 한마디로 나는 기체가 둥글게 뭉친 덩어리라 할 수 있어.

나는 너무 뜨거워서 가까이 다가가기도 어렵고, 가까이 가더라도 가스 때문에 앞을 내다보는 것이 어렵지.

가스는 모양이 없는데 나는 어떻게 둥근 모양을 가진 걸까?

그건 나의 한가운데에 있는 어떤 힘 때문이야. 그 힘이 가스들을 잡아당기는 거지.

이 힘을 '중력'이라고 하는데, 중력은 무거우면 무거울수록 강해진단다. 지구보다 훨씬 큰 태양의 중력은 더욱 강할 수밖에 없겠지.

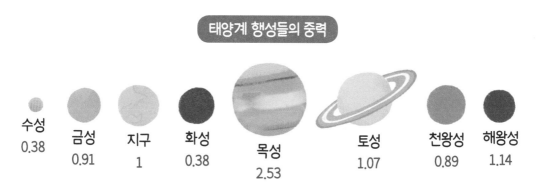

태양계 행성들의 중력

수성 0.38 금성 0.91 지구 1 화성 0.38 목성 2.53 토성 1.07 천왕성 0.89 해왕성 1.14

각 행성의 표면 중력(지구 중력을 1로 보았을 때)

태양은 태양계의 엄마

나는 지구에도, 태양계의 다른 행성들에도 꼭 필요해. 나는 지구를 따뜻하게 만들어 주고 곡식과 풀, 나무가 자랄 수 있게 해 주지.

내가 있어서 지구에 있는 물이 순환되지. 지구의 물이 순환되도록 내가 열에너지를 계속 보내 주거든. 내가 없으면 낮에도 캄캄할 것이고, 지구는 얼음처럼 차갑게 얼어 버릴 거야.

내가 있기에 지구엔 밤과 낮이 있고, 식물이 자랄 수 있지. 식물은 태양에서 오는 빛으로 광합성을 해서 무럭무럭 자라게 돼. 동물들은 그런 식물을 먹고 힘을 내지.

만약 내가 없다면, 지구의 생명은 모두 죽어 버릴 거야. 지구의 엄마는 나야. 그러니 내가 얼마나 중요하고 소중한지 알겠지?

02 가장 작고 빠른 날쌘돌이, 수성

나는 로마 전령의 신 메르쿠리우스야. 수성은 행성 중에서 가장 빠른 속도로 태양 주위를 돌기 때문에 내 이름을 붙였어.

태양이 지구에서 본 것보다 훨씬 커 보이네!

수성은 태양과 가장 가까운 곳에 있어

나, 수성은 태양계의 첫째! 태양과 가장 가까이 있지. 나는 태양과 5790만 km 정도 떨어져 있어. 그러니 지구에서 보는 태양보다 3배 이상 큰 태양을 볼 수 있지.

나는 태양과 너무 가까워서 낮이 되면 온도가 섭씨 430도까지 올라가. 밤이 되면 영하 180도까지 내려가지. 그러니 내 품에선 생명체가 살 수 없는 거란다.

수성에 오면 누구나 가벼워져

지구에 사는 사람들이 수성에 놀러 오면 아마 깜짝 놀랄 거야. 아주아주 뚱뚱한 사람이 눈 깜짝할 사이에 깃털처럼 가벼워질 테니까.

왜냐하면, 내가 가진 중력은 지구보다 약하거든. 비교하자면, 지구가 나보다 3배 이상은 중력이 더 셀걸?

그러다 보니 지구에서 체중이 100kg 나가는 사람이 수성에 오면 37kg 정도밖에 나가지 않게 되는 거지.

하하하! 몸이 가벼워지니까 기분이 날아갈 듯해!

수성은 달만큼이나 작아

나는 첫째지만, 태양계의 행성 가운데 제일 작아. 달이랑 크기가 비슷하지.

나는 달이랑 비슷한 점이 많아. 달에는 운석이 충돌해 생긴 구덩이인 크레이터가 있잖아. 내게도 그런 구덩이가 여러 개 있어.

달에 대기가 없는 것처럼 내게도 대기가 거의 없어. 그러니 비와 눈 같은 대기 현상이 일어나지 않지.

달에 대기가 없는 까닭

달은 대기를 붙잡아 둘 수 있을
정도의 중력을 가지고 있지 않기
때문이에요.

수성에 대기가 없는 까닭

수성은 대기를 붙잡아 둘 수 있을
정도로 강한 중력을 가지고 있지만,
태양 빛으로 인해 대기가 모두
날아가므로 대기가 없어요.

24

수성에서 1년은 88일, 하루는 59일이야

지구는 태양 주변을 뱅글뱅글 도는 데 365일이 걸리지. 그러니 1년을 365일이라고 하는 거잖니.

또 지구는 혼자서 빙글빙글 도는 데 24시간이 걸리지. 그래서 하루가 24시간인 거잖아.

그런데 나, 수성은 태양 주변을 한 바퀴 도는 데 88일이 걸려. 그래서 내게 1년은 88일이지.

그리고 내가 스스로 한 바퀴를 돌려면 꼬박 59일이 걸려. 그래서 지구 시간으로 하루가 59일이야.

나는 지구보다 엄청 빠르게 태양 주변을 돌기 때문에 1년은 더 짧고, 스스로 도는 속도는 느려서 하루가 어마어마하게 긴 거란다.

하루가 이렇게 길면 좋을 거 같니, 지루할 거 같니?

03 가장 밝은 거꾸로쟁이, 금성

금성은 밤하늘에서 가장 밝고
아름다운 모습으로 빛나서 나
사랑의 여신 베누스의 이름을
그대로 붙였지.

지구 지름은
12756km

금성 지름은
12104km

금성은 지구와 크기와
질량이 비슷해!

이산화탄소 96.5%

질소 3.5%

금성은 대기층이 두꺼운
이산화탄소로 덮여 있어.

금성에는 태양계의
어떤 행성보다도 화산이
많이 있어요.

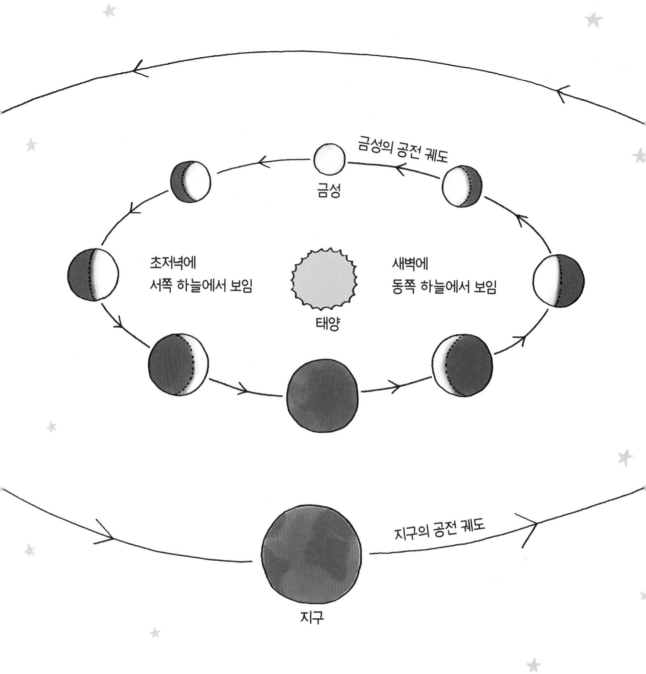

금성의 공전 궤도

금성

초저녁에
서쪽 하늘에서 보임

태양

새벽에
동쪽 하늘에서 보임

지구의 공전 궤도

지구

지구에서 본 금성의 위상 변화의 모습

옛날 우리나라 사람들은 새벽 동쪽 하늘에 보이는 금성을 '샛별'로, 초저녁 서쪽 하늘에 보이는 금성을 '개밥바라기'로 다르게 불렀어요. 아침, 저녁으로 나타나는 천체를 서로 다른 것으로 생각했기 때문이죠.

서로 다른 별이 아니라, 같은 행성이지. 내가 만든 천체 망원경으로 살펴보면 금성의 모양과 크기가 변한다는 걸 알 수 있어. 그건 금성이 달처럼 태양 빛을 받아서 빛난다는 걸 의미하는데, 금성이 지구가 아니라 태양 주변을 돈다는 뜻이지.

갈릴레이 망원경

금성을 샛별이라고 부르는 이유

나, 금성은 태양계의 둘째. 태양과 수성 그다음에 내가 있어.

나는 지구랑 비슷하게 생긴 데다가, 크기도 비슷하고 질량도 비슷해.

지구에서 바라볼 때 해 질 무렵 하늘에 나타나 가장 밝게 빛나는 행성, 그게 바로 나야!

옛날 지구인들은 나를 보고 길을 찾곤 했지. 그래서 사람들은 나를 '샛별'이라고도 부른단다.

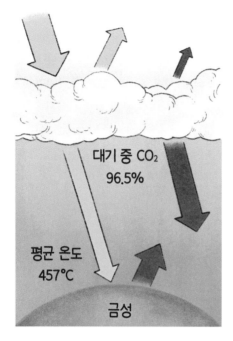

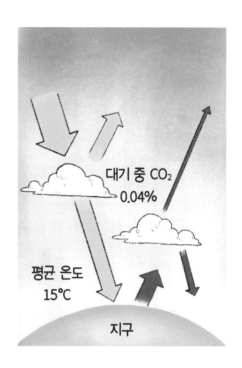

금성에 생명체가 살 수 있을까?

지구에서 나를 보면 정말 아름다워 보이나 봐.

그래서 지구인들은 수백 년 전부터 내가 어떤 행성인지, 생명체가 살고 있는지 궁금해했지.

그런데 나는 아주 두꺼운 이산화탄소로 둘러싸여 있단다. 지구에 이산화탄소가 많아지면 온도가 올라가는 온실 효과가 생기잖니. 나도 마찬가지야.

난 지구보다 더 많은 이산화탄소를 갖고 있어서 기온이 아주 높아. 나의 평균 온도는 섭씨 457도일 정도로 뜨겁지. 이렇게 뜨거운 곳인데 외계 생명체가 살 수 있을까?

금성은 거꾸로쟁이

나는 뭐든 거꾸로 하는 걸 좋아해. 그래서 나는 스스로 한 바퀴를 돌 때 다른 행성과 반대 방향으로 돌아.

지구에선 해가 동쪽에서 떠서 서쪽으로 지잖아. 하지만 나는 그 반대야. 금성에서는 태양이 서쪽에서 떠서 동쪽으로 져. 내가 반대로 돌기 때문에 그런 거지. 그래서 우리 태양 엄마는 나더러 거꾸로쟁이래.

금성의 낮과 밤은 길고 길어

지구는 24시간 동안 한 바퀴를 스스로 빙글빙글 돌지만 나, 금성은 아주아주 느려.

내가 스스로 한 바퀴를 돌려면 243일이 걸리지. 낮이 117일 동안 계속되고, 밤도 117일 동안 계속돼. 어떤 곳은 오랜 시간 낮인 채로 밝고, 어떤 곳은 밤인 채로 깜깜할 수밖에 없지.

금성에서 산다면 엄청나게 지루할 거야.

아~ 하루가 왜 이렇게 긴 거야.

금성은 태양 주위를 225일 동안 돌고, 스스로 한 바퀴 도는 데는 243일이 걸려.

앗! 금성에서는 하루(자전 주기)가 1년(공전 주기)보다 길게 느껴지네.

04 가장 살기 좋은 행성, 지구

지구의 탄생 과정

약 46억 년 전, 우주 먼지와
가스 구름이 한데 모여 덩어리로
변했어요.

초신성 폭발로 거대한 성운이
수축하면서 원시 태양이
만들어졌어요.

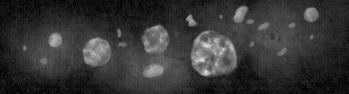

태양 주변의 암석과 얼음 등이 서로 충돌하고 뭉쳐 행성, 위성,
소행성 등이 생겼어요.

지구

이때 원시 지구도 탄생했죠.

주변 미행성들과 충돌하며 지구는 점점
커졌어요. 미행성은 행성이 되기 전 아주
작은 행성이에요.

화성 크기의 미행성과 지구가
충돌했을 때,

달

파편 중 일부가 뭉쳐
달이 되었죠.

지구는 거의 액체 상태가 되고, 수많은
파편이 우주로 날아갔어요.

약 38억 년 전, 소행성이 지구에
쏟아지면서 우주에서 물을
가져왔어요.

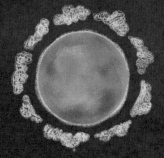

지구가 식어가면서 지구 주위에
이산화탄소를 포함한 대기가
생겼죠.

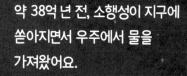

대기 중 수증기가 응축해
비가 내리고 바다를
이루었고,

바다에서 지구 최초의
생명체가 탄생했어요.

지구는 왜 푸른색으로 보일까?

나, 지구는 태양계의 셋째. 태양으로부터 세 번째 있는 행성이야. 위성으로 달을 가지고 있지.

우주에서 봤을 때 나는 아주 파랗고 아름다운 행성이야. 바다와 산, 그리고 땅이 가진 색깔이 어우러져서 몹시 신비로워 보이기까지 해.

내가 파란색으로 보이는 이유는 태양 빛이 대기와 부딪힐 때 푸른 색깔 빛이 더 많이 퍼지기 때문이야. 태양의 빛 속에는 빨주노초파남보 색깔이 들어 있다는 건 알고 있지?

대기를 통과하는 빛 중엔 푸른색 빛이 먼저 눈에 띄게 돼. 붉은색이나 노란색 빛은 사람의 눈에 띄게 되기까지 시간이 걸려. 그래서 저녁이 되어야 하늘이 붉고 노란 노을로 뒤덮이는 거야.

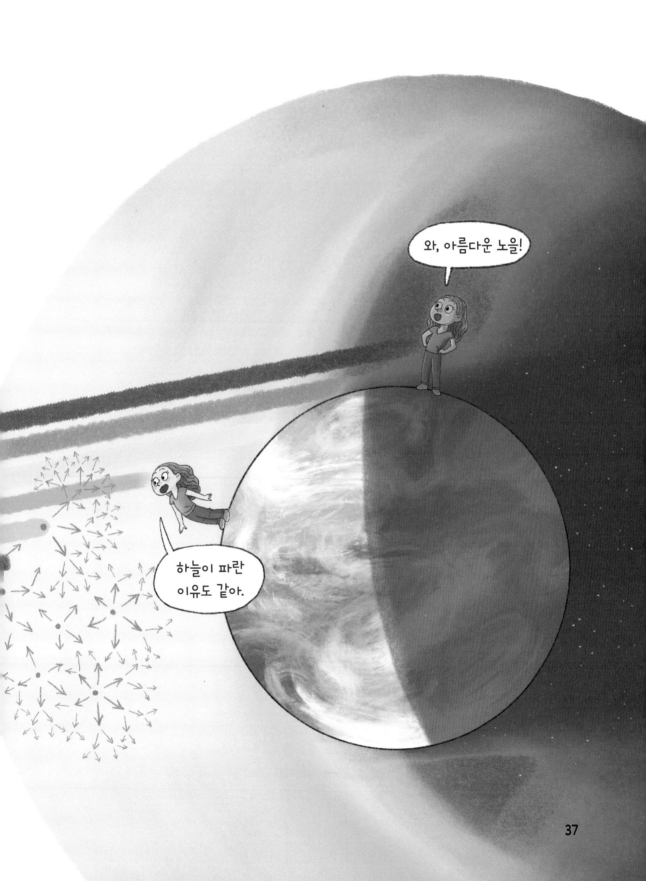

지구엔 어떻게 생명체가 살게 되었을까?

나, 지구는 온도도 몹시 높거나 낮지 않고 적당해. 그래서 다양한 생명체들이 살아갈 수 있지.

내가 온도를 일정하게 유지할 수 있는 건 모양이 둥글둥글하기 때문이야. 덕분에 생명체도 살 수 있는 거지.

나는 거의 동그라미에 가까운 타원 모양이야. 나는 365일 동안 태양의 둘레를 한 바퀴 도는데, 모양이 둥글어서 태양의 열이 지구 전체에 골고루 퍼져.

내가 만약 길쭉한 럭비공 같은 모양이었다면 태양 가까이 있는 쪽은 어마어마하게 뜨겁고, 반대쪽은 지독하게 추웠을 거야.

태양계 행성의 표면 평균 온도

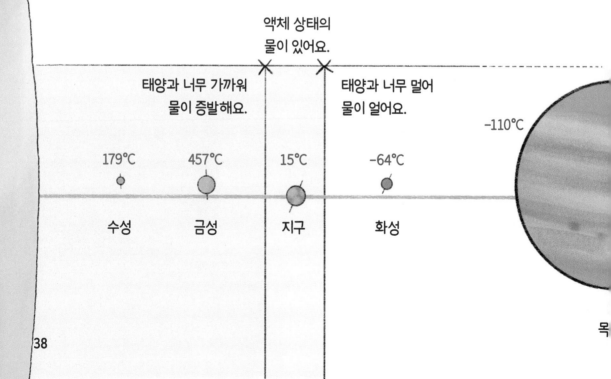

액체 상태의
물이 있어요.

태양과 너무 가까워
물이 증발해요.

태양과 너무 멀어
물이 얼어요.

-110℃

179℃   457℃   15℃   -64℃

수성   금성   지구   화성

목

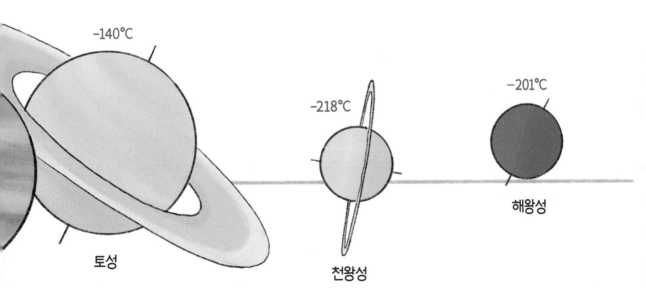

지구가 커다란 자석일까?

지구에서는 방향을 찾기 쉬워. 나침반을 보면 N극은 늘 북쪽, S극은 늘 남쪽을 가리키거든. 왜 나침반은 늘 같은 방향을 가리킬까? 지구 안에 정말 커다란 자석이 있는 걸까?

나침반의 N극이 항상 북쪽을 가리키는 것은 지구에 자기장이 있기 때문이야. 지구 안에 자석이 있는 게 아니라, 지구에 자기장이 있어서 자석이 되는 거야.

지구의 자기장은 지구의 남쪽에서 나와 지구의 북쪽으로 들어가는 모양을 하고 있지. 막대자석 위에 철 가루를 뿌리면 N극과 S극 사이에 반달 모양으로 쇳가루가 선을 그리며 이어지는 모습을 볼 수 있을 거야. 지구의 자기장도 막대자석 위의 쇳가루와 비슷한 모양을 갖고 있어.

자기장은 지구를 보호하는 보호막이야. 태양에서 오는 태양풍은 강력해서 그대로 땅에 닿으면 생명체들이 죽고, 지구는 금성처럼 돼 버릴 거야. 하지만, 지구의 자기장이 태양풍을 막아 줘서 생명체가 살아갈 수 있는 행성이 된 거란다.

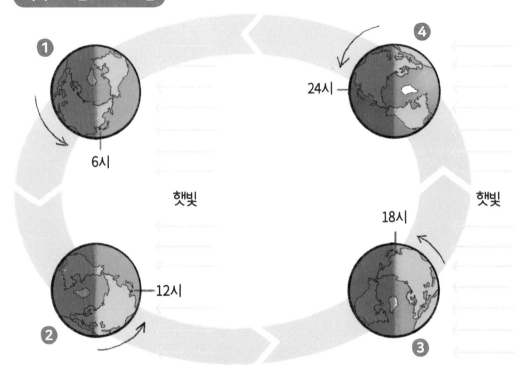

북극에서 본 지구의 자전

① 6시
② 12시
③ 18시
④ 24시

햇빛

해와 달이 뜨고 지는 게 아니라, 지구가 도는 거야

내가 스스로 한 바퀴를 빙글빙글 도는 것을 '자전'이라고 해. 사실 나는 약 23시간 56분 만에 한 바퀴를 돌아.

내가 스스로 한 바퀴를 돌기 때문에 태양은 동쪽에서 떠서 서쪽으로 지는 것처럼 보여. 만약 내가 움직이지 않고 가만히 있다면 태양은 항상 같은 곳에서만 보이겠지.

태양뿐만이 아니야. 밤하늘을 수놓은 천체들 모두 움직이지 않을 거야. 게다가 낮과 밤도 생기지 않겠지?

달은 왜 지구를 따라다닐까?

달은 나를 졸졸 따라다니는 위성이야. 달은 내가 태어난 뒤 약 5천만 년 뒤에 태어났지. 달은 나랑 같이 회전하고 있어. 달의 모습이 어떤 날은 초승달, 어떤 날은 반달, 보름달로 달라지는 까닭은 내가 스스로 한 바퀴를 돌기 때문이야.

참, 달에서는 마음먹은 대로 걷거나 움직이기가 어려워. 몸이 둥둥 떠서 헛발질하거나 생각보다 훨씬 앞서나가게 돼. 그건 달의 중력이 약하기 때문이지. 달의 중력은 나와 비교하면 6분의 1밖에 되지 않거든. 그래서 달에 가면 몸무게가 6분의 1로 줄어들게 돼.

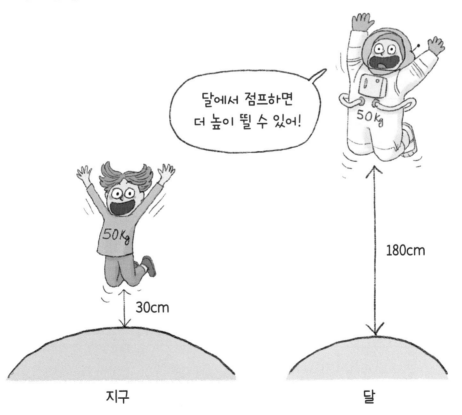

붉은빛을 띠는 화성은 전쟁의 신인
나 마르스의 이름을 붙였지.

44

화성은 왜 붉은색으로 보일까?

태양은 스스로 환한 빛을 내지만, 나는 스스로 빛을 내지 못해. 대신 태양 빛이 전달되면 적갈색의 돌이 빛을 반사해서 붉은색을 띠게 돼.

지구에서 보는 나는 마치 불타는 것처럼 붉은색으로 보인단다. 그건 대기 속에 먼지나 이산화탄소가 많아서 그런 거야. 그래서 나는 하늘조차 분홍색으로 보이지.

멀리 지구에서 나를 관찰하던 사람들은 나를 전쟁의 신 '마르스'라고
불렀어. 이글이글 불타는 모습으로 보여서 그런 이름을 붙여준 거지.

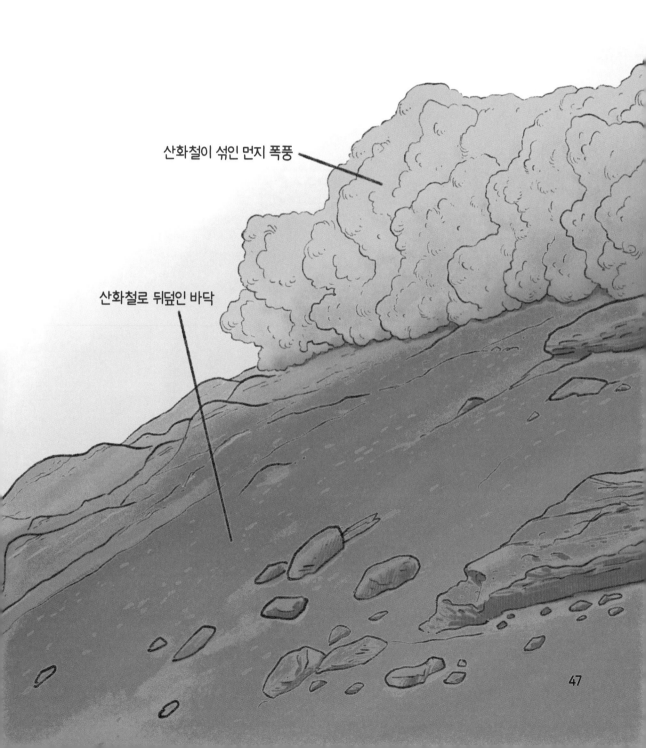

산화철이 섞인 먼지 폭풍

산화철로 뒤덮인 바닥

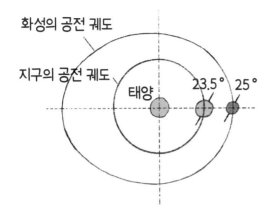

화성의 공전 궤도

지구의 공전 궤도

태양

23.5° 25°

공전 궤도가 원형에 가까운 지구는 사계절의 길이가 모두 비슷하지만, 타원 궤도를 도는 화성은 사계절의 길이가 저마다 다르다. 태양에서 가장 먼 때와 가장 가까운 때의 거리 차이가 크게 나기 때문이다.

화성은 지구랑 정말 닮았어

나, 화성은 태양계 가족의 넷째야. 나랑 지구는 비슷한 점이 정말 많아.

나는 지구처럼 계절이 있단다. 왜냐하면, 나는 자전축이 23.5도 기울어져 있는 지구와 비슷하게 25도로 기울어진 채 공전하고 있거든. 덕분에 지구처럼 계절의 변화가 뚜렷하게 생기지.

게다가 나를 둘러보던 지구인들은 이산화탄소와 수증기가 얼어서 만들어진 얼음덩어리를 발견했어. 이때부터 지구인들은 만약 물이 있다면 생명체가 살 수 있을 거로 생각하게 되었지.

내겐 거대한 화산도 있고 에베레스트산보다 높은 산과 계곡도 있어.

나는 제자리에서 한 바퀴 도는 데 걸리는 시간(자전 주기)이 지구와 거의 비슷해. 그래서 지구보다 하루의 길이가 겨우 30분 정도 길단다.

그러니 만약 제2의 지구를 찾아야 한다면 화성이 제일 살기 좋은 곳이 아닐까?

지독한 먼지 폭풍

1971년 지구에선 나를 관찰하기 위해 탐사선 마리너 9호를 보냈어. 마리너 9호는 나를 촬영해서 물이 있을 가능성을 알아냈지.

내겐 먼지 폭풍이 자주 일어나. 이 폭풍 때문에 지구에서 온 탐사선이 제대로 작동하지 못하는 경우가 많지. 먼지 폭풍이 일어나게 되면 태양의 빛조차 제대로 들어오지 않을 정도로 하늘이 뿌옇고 흐려져.

먼지 폭풍이 화성을 감싸는 모습

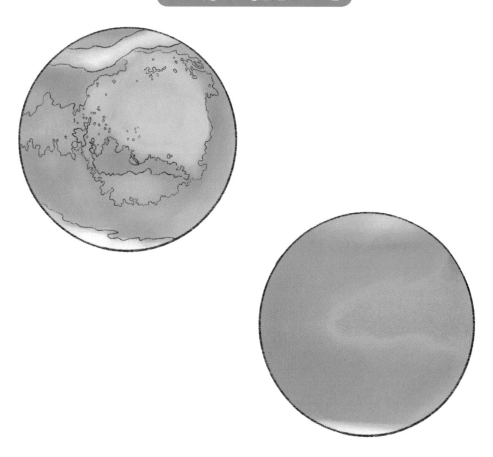

화성의 바다는 얼음 바다

그래, 내게도 물이 있어. 지구처럼 바다가 있는 건 아니지만, 북극처럼 얼음덩어리로 남아 있는 얼음이 꽤 많아. 만약 온도를 높인다면 얼음이 녹아 물이 될 거야.

내게 남아 있는 물의 흔적을 발견한 지구인들은 더 많은 탐사선과 로봇들을 보내고 있어. 물이 있다는 건 생명체가 살 수도 있다는 뜻이거든. 지구인들은 언젠가 외계 생명체를 만나게 될지도 모른다는 기대에 부풀어 있지.

그런데 지금까지 지구인들은 그 어떤 생명체도 찾을 수 없었단다. 나에게 있던 물은 모두 증발하거나 땅 밑의 얼음으로 변해 버렸다는 사실만 알아냈지.

최근에 화성 지하에 많은 물이 있다는 발표가 나왔어. 그렇다면 생명체가 살 수도 있지. 정말 화성에 생명체가 살고 있을까? 만약 살고 있다면 어떤 모습일까?

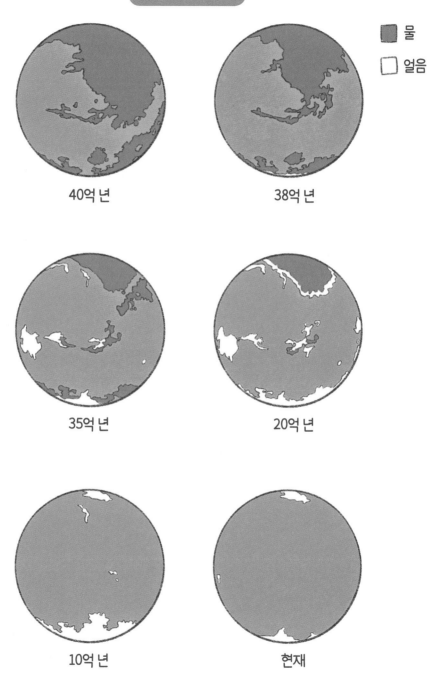

화성의 물의 역사

물
얼음

40억 년

38억 년

35억 년

20억 년

10억 년

현재

51

유달리 밝고 큰 목성은 로마 신화의 최고의 신, 유피테르의 이름을 붙였지.

목성 지름은
142984km

지구 지름은
12756km

지름을 기준으로
목성은 지구의 11배
엄청나게 거대해!

목성은 희미한 고리를
가지고 있어.

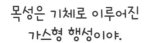

목성은 기체로 이루어진
가스형 행성이야.

목성의 대기
수소 89.8%
헬륨 10.2%

가장 크고 무겁지만, 재빠르지

나, 목성은 태양계 가족의 다섯째. 그렇지만 태양계에서 가장 크고 무거워.

내 크기는 지구의 약 11배 정도나 돼. 게다가 질량은 지구보다 무려 318배나 더 무겁지. 나의 질량은 나를 제외한 태양계의 모든 행성의 질량을 합한 것의 2배쯤 될 거야. 이쯤 되면 내가 얼마나 크고 무거운지 짐작이 되니?

이렇게 크고 무겁지만, 나는 매우 빠른 편이야!

지구는 스스로 한 바퀴를 도는 데 24시간이 걸리지만, 나는 겨우 9시간 55분 30초밖에 걸리지 않아. 하루가 겨우 10시간 정도인 셈이지. 너무 정신없이 하루를 보낼 거라고?

지구

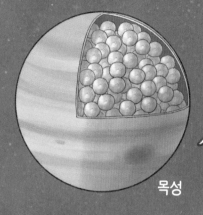
목성

목성은 지구를 1300개 이상
품을 정도로 커!

그런 목성이 약 1000개 들어갈
정도로 태양은 거대해!

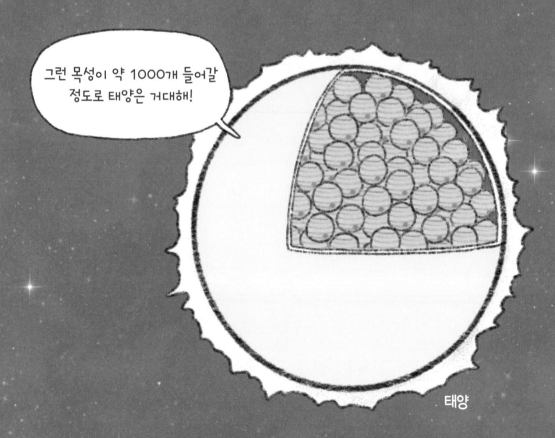
태양

목성의 멋진 줄무늬

난 아주아주 밝아서 까만 밤에 하늘을 올려다보면 나를 금방 찾을 수 있을 정도이지.

금성에 이산화탄소가 가득했던 거 기억하니? 그래서 금성은 아주 뜨겁잖아. 나를 이루는 대부분은 수소랑 헬륨이야. 나는 크고 힘이 세기 때문에 수소나 헬륨 같은 가스들을 아주 단단하게 끌어당기고 있지. 헬륨은 풍선에 넣는 가스로, 공기보다 가벼워. 가스들은 계속 달아나려 하는데 그럴수록 나는 더 세게 끌어당겨.

그래서 내 모습을 지구에서 관찰하면 아주 독특한 줄무늬가 있는 것처럼 보여.

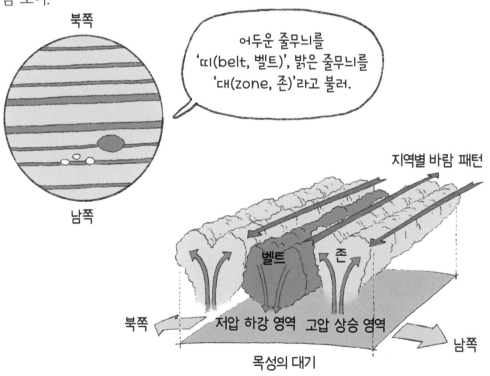

북쪽

어두운 줄무늬를 '띠(belt, 벨트)', 밝은 줄무늬를 '대(zone, 존)'라고 불러.

남쪽

지역별 바람 패턴

벨트

존

북쪽 저압 하강 영역 고압 상승 영역 남쪽

목성의 대기

눈알 모양의 점은 태풍 소용돌이

지구에서 나를 관찰하면 남쪽에 큰 눈알 모양의 점이 보일 거야. 점이라고 해서 콩알만 한 걸 상상하면 안 돼. 지구 2개를 합친 것만큼 큰 점이니까.

이 점의 정체는 바람이 만들어낸 소용돌이야.

내 속에서는 계속해서 거대한 태풍이 몰아치고 있어. 지구인들이 나를 발견하고 연구한 게 300년 전쯤부터인데, 그때도 태풍이 불었고 지금도 계속해서 불고 있지.

지구에선 태풍이 금방 왔다 금방 사라지지만, 목성에선 그렇지 않아.

목성은 작은 태양계

난 위성을 아주 많이 갖고 있어. 지구는 고작 달 하나만 갖고 있지만, 나는 95개의 위성을 갖고 있지.

내가 위성을 갖고 있다는 걸 가장 먼저 알아챈 건 이탈리아 과학자 갈릴레오 갈릴레이였어. 그래서 지구인들은 갈릴레이가 발견한 나의 4개 위성인 이오, 유로파, 가니메데, 칼리스토를 '갈릴레이 위성'이라고 부르지.

내가 가진 위성 중에는 수성보다 큰 것도 있어. 어떤 위성에서는 화산이 터지기도 하고, 지진이 일어나기도 해.

태양을 중심으로 여러 천체가 도는 것처럼 내 주위로 수많은 위성이 돌기 때문에 나는 '작은 태양계'로도 불려.

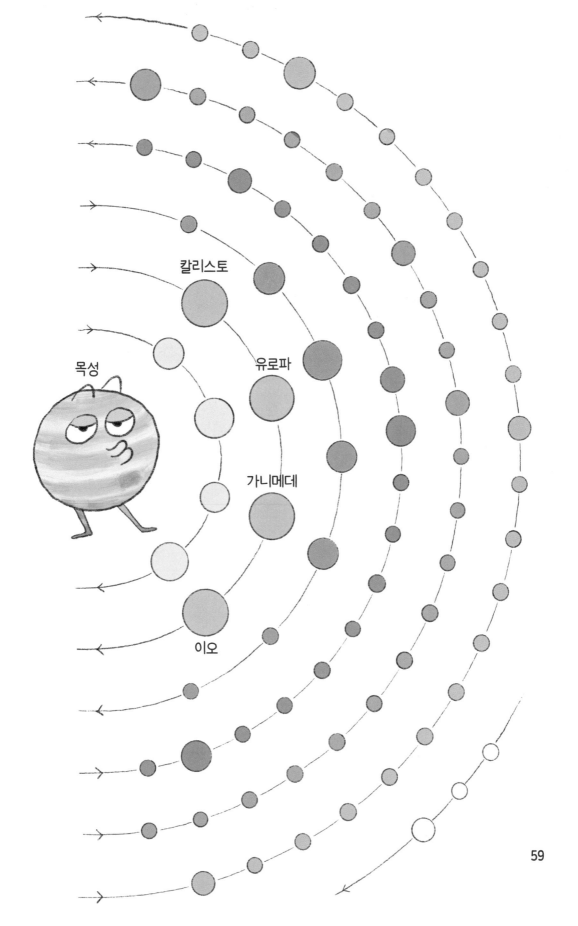

칼리스토

목성

유로파

가니메데

이오

59

07 아름다운 고리를 가진 납작이, 토성

아름다운 고리를 가진 토성은 농사의 신,
사투르누스의 이름을 붙였지.

토성 지름은
120536km

지구 지름은
12756km

태양계에서 두 번째로
큰 토성은 지름이
지구의 9배
질량은 약 95배!

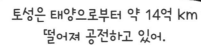

토성은 태양으로부터 약 14억 km
떨어져 공전하고 있어.

행성 중 밀도가 가장 낮아.

토성도 목성처럼 대기가 주로
수소와 헬륨으로 되어 있어.

밀도가 물보다 낮아서 물에
뜰 수 있을 정도야.

토성은 납작하고 길쭉해

여섯째인 나, 토성을 소개할 차례군. 나는 태양계에서 목성 다음으로 큰 행성이야.

나는 여러 행성 중에 가장 납작하고 길쭉해. 내가 이렇게 납작해진 건 스스로 한 바퀴를 도는 속도가 매우 빠르기 때문이야. 나는 스스로 한 바퀴를 도는 데 10시간쯤 걸리고, 태양 둘레를 한 바퀴 도는 데 29년이 걸려. 태양에서 멀리 떨어져 있어서 1년이 이렇게 긴 거야.

나는 속에서 잡아당기는 힘인 중력이 아주 강한 편이야. 그러니 지구인들이 내게 놀러 오면 몸무게가 더 늘어나게 돼.

그리고 태양계에서 위성 부자가 누구냐고 물으면, "토성!"이라고 대답하면 돼. 145개나 있거든.

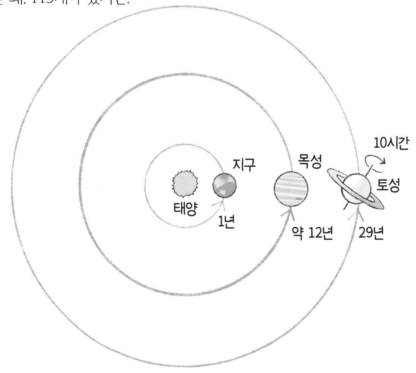

태양계에서 위성 부자 자리를 두고 목성과 토성이 서로
엎치락뒤치락 반전을 거듭하고 있어요. 현재는 145개 위성을
지닌 토성이 1등이 되었죠. 우주에는 천체들의 충돌이 계속해서
일어나고 있어 위성의 개수는 또 바뀔 수 있어요.

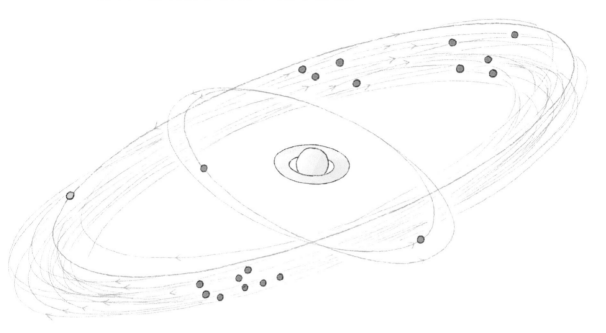

토성의 고리 너비는 약 70000km

토성의 아름다운 고리를 봐, UFO 같지?

지구에서 나를 관찰하면 아름다운 고리가 있는 걸 볼 수 있을 거야. 멀리서 보면 마치 천사의 머리 위에 있는 링처럼 반짝이고 빛나 보이지.

외계 비행선처럼 멋진 이 고리의 정체가 궁금하지?

가까이에서 보면 얼음덩어리나 돌덩이들로 이뤄져 있어. 내가 잡아당기는 힘이 아주 강하기 때문에 우주를 떠돌던 먼지와 돌, 얼음 등이 내 주변에 모여들게 된 거야.

태양계엔 고리를 가진 행성이 많아. 목성, 천왕성, 해왕성도 아름다운 고리를 가지고 있지. 하지만, 내가 가진 고리가 가장 아름답다고 해.

토성

토성의 위성 타이탄에 생명체가 살까?

내가 가진 위성 중에 타이탄이 있어. 크기는 수성만 해. 지구인들은 타이탄에 관심이 많아. 타이탄에는 호수와 강, 바다 등이 있어. 그 모습이 지구랑 아주 비슷하거든.

타이탄을 관찰한 지구의 과학자들은 어쩌면 생명체가 살고 있지 않을까 하고 짐작했어.

하지만, 타이탄의 강과 호수, 바다는 지구랑 완전히 달라. 강과 호수, 바다는 물이 아니라 메탄과 에탄이 있는 탄화수소로 이루어져 있어.

북극에서 부는 육각형 폭풍

나는 목성이랑 비슷한 대기가 있어. 게다가 내게도 회오리바람이 자주 불곤 하지.

나의 북극에는 육각형 모양의 거대 폭풍이 관찰되곤 해. 그 폭풍의 크기가 얼마나 큰지 지구의 지름이랑 같을 정도야. 바람이 얼마나 센지 시속 530km가 넘어.

지구에선 이런 폭풍이 한번 몰아치면 모든 게 날아가고 무너져 버릴 거야.

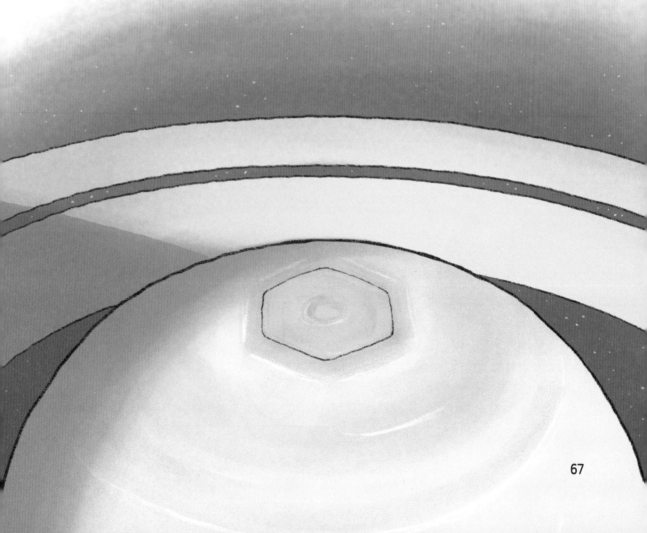

08 누워 있는 초록 행성, 천왕성

천왕성은 그리스 신화 하늘의 신, 우라노스의 이름을 붙였지.

천왕성은 '망원경'을 통해 발견한
최초의 행성!

천왕성의 내부 구조

대기
(수소, 헬륨, 메탄)

상층 대기

맨틀
(물, 암모니아,
메탄, 얼음)

핵(암석, 얼음)

천왕성의 위성은 대부분 내 작품에
등장하는 인물에서 이름을 따왔지.

윌리엄 셰익스피어

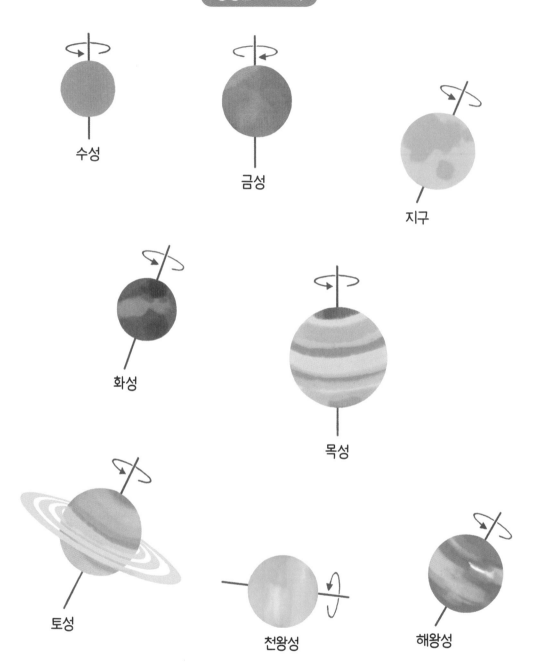

행성들의 자전축

수성

금성

지구

화성

목성

토성

천왕성

해왕성

천왕성은 왜 누워 있을까?

나는 일곱째, 태양계의 행성 중에서 세 번째로 큰 천왕성이야.

나는 영국의 천문학자 '허셜'이 1781년에 발견한 행성이야. 나는 지구와 너무 멀리 떨어져 있어서 눈으로는 관찰하기 어려웠어. 그런데 얼마 전 우주 탐사선 보이저 2호가 찾아와서 나에 관해 알아갔단다.

보이저 2호는 내가 태양 주위를 한 바퀴 도는 데 약 84년이 걸린다는 것을 알아냈어.

난 스스로 한 바퀴를 도는 속도는 매우 빨라. 내 하루는 17시간 정도밖에 되지 않아.

지구인들은 나더러 '누워서 돈다.'라고 말하는데, 그건 자전축이 98도쯤 기울어져 있기 때문이야. 멀리 있는 지구에서 보면 비스듬히 누운 모습이거든.

내가 이렇게 누운 것처럼 기울어진 건 사실 슬픈 사연이 있어. 아주아주 오래전 거대한 충돌이 있었어. 그 충격으로 이렇게 누워 있는 것처럼 보이는 거지.

천왕성 고리는 13개

나는 수직으로 서 있는 고리를 갖고 있어. 내가 가진 고리는 13개야.

지구에서 천체 망원경으로 관찰해서 찾아낸 숫자는 9개뿐이었지. 나머지 고리들은 보이저 2호와 허블 우주 망원경으로 밝혀졌어.

토성의 고리는 아주 밝은 빛을 내는데, 내가 가진 고리는 먼지랑 검은 색깔 얼음 알갱이가 섞여 있는 아주 어두운 색이거든. 그래서 지구에서 관찰하기 어려웠던 거야.

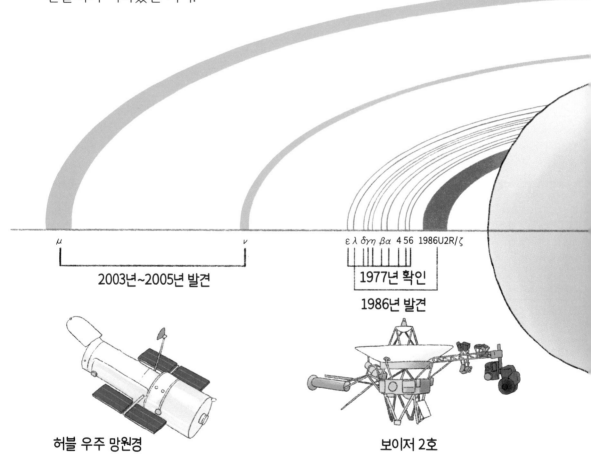

μ   ν   ε λ δη βα 4 5 6 1986U2R/ζ

2003년~2005년 발견

1977년 확인

1986년 발견

허블 우주 망원경   보이저 2호

천왕성 위성은 28개

나는 28개 위성이 있어. 그 가운데 미란다, 아리엘, 움브리엘, 티타니아, 오베론, 이렇게 5개가 사람들에게 잘 알려졌지.

우주 천체 이름은 대부분 그리스와 로마 신화의 신이나 인물의 이름을 따서 짓는데, 내 위성은 특이하게도 영국 극작가 윌리엄 셰익스피어와 영국 시인 알렉산더 포프의 문학 작품 속 등장인물의 이름을 붙였어.

새로운 위성이 발견되면 또 어떤 이름이 지어질까?

천왕성은 왜 청록색으로 보일까?

나는 아주 연한 청록색으로 빛나고 있어. 푸른빛을 띤 초록색이지. 지구처럼 아름다운 강과 바다, 산이 있어서 청록색으로 보이는 게 아니야.

나의 대기는 수소와 헬륨이 대부분이지만, 메탄의 비율이 높아서 그런 거래. 메탄은 태양의 붉은색 빛을 흡수하고, 청색과 녹색 빛을 반사하는 성질이 있거든. 그래서 멀리서 본 내 모습이 청록빛인 거야.

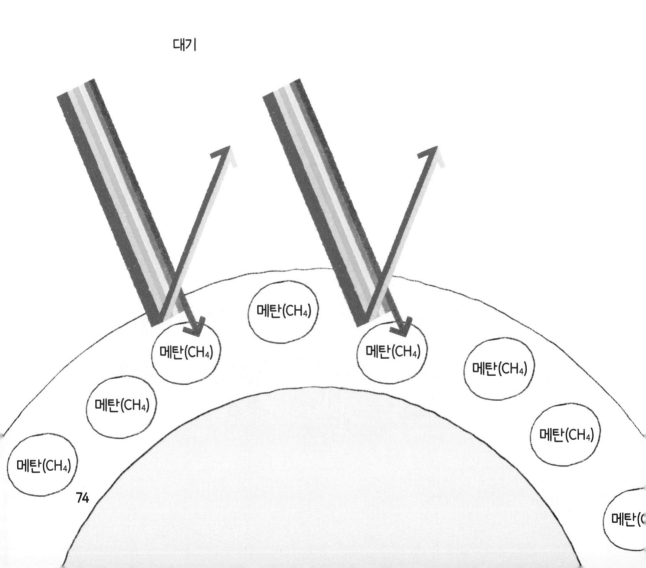

대기

메탄(CH₄)

메탄(CH₄)

메탄(CH₄)

메탄(CH₄)

메탄(CH₄)

메탄(CH₄)

메탄(CH₄)

메탄(CH

정말 추워, 영하 218도!

나는 태양에서 멀리 떨어진 행성이야. 그래서 태양 엄마가 주는 빛을 잘 받지 못해서 몹시 추워.

나의 내부 온도는 대략 영하 218도 정도지. 이렇게 추운 행성에 외계 생명체가 살 수 있을까?

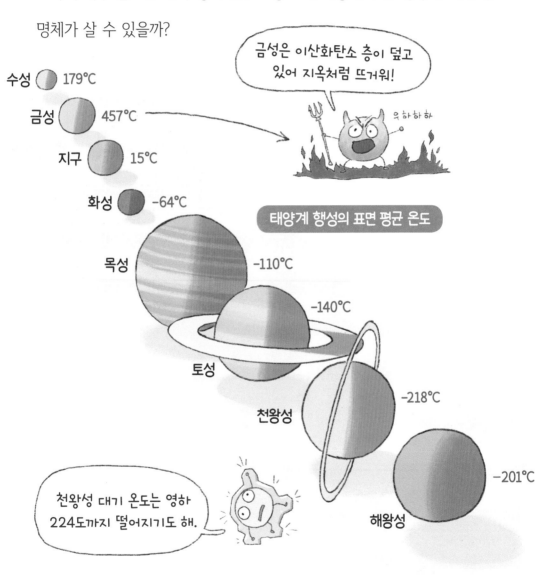

수성 179℃

금성 457℃

지구 15℃

화성 -64℃

금성은 이산화탄소 층이 덮고 있어 지옥처럼 뜨거워!

억하하하

태양계 행성의 표면 평균 온도

목성 -110℃

토성 -140℃

천왕성 -218℃

해왕성 -201℃

천왕성 대기 온도는 영하 224도까지 떨어지기도 해.

09 1년이 165년, 해왕성

해왕성은 로마 바다의 신, 넵투누스의 이름을 붙였지.

우아, 바다처럼 푸른색이야!
좋아, 넵투누스라고 부르자!

해왕성의 내부 구조

대기(수소, 헬륨)
수소 80%, 헬륨 19%, 메탄 1%

상층 대기

맨틀
(물, 암모니아,
메탄, 얼음)

핵
(암석, 얼음)

해왕성에는 시속
2100km 속도의
태양계에서 가장
강력한 바람이 불어요.

가장 늦게 발견한 행성

나는 태양계의 막내인 여덟째, 해왕성이야. 나는 아주 늦게 발견되었어.

토성을 관측하던 허셜은 1781년 우연히 토성 뒤에 있는 천왕성을 발견하게 되었지. 그 뒤 더 많은 행성이 있을 거로 생각한 과학자들은 또 다른 행성을 찾기 위해 연구를 계속했어.

약 100년 뒤, 과학자들은 우연히 희미하게 반짝이는 행성 하나를 발견했는데, 그게 바로 나였던 거야.

르베리에가 수학 계산으로 발견한 해왕성!

1790년~1840년 과학자들은 천왕성의
움직임을 관찰하고, 뉴턴의 운동 법칙에 따라
움직임을 계산했어요.

이상해. 계산은 틀리지 않았어. 그런데 공전 주기가 뉴턴의 이론과 달라.

관찰   계산

프랑스 수학자 르베리에는 천왕성의 궤도를 계산하다가 보이지 않는 천체가 천왕성의 궤도를 방해하고 있다고 생각했어요.

르베리에는 수개월에 걸쳐 천왕성을 끌어당기는 천체의 위치를 계산했어요.
그러고는 독일의 천문학자 갈레에게 자기가 계산한 위치에 혹시 그런 천체가 있는지 확인해 봐달라고 부탁했죠.

확인해 보죠.

내 수학 계산에 따르면, 여기쯤 있을 겁니다!

해왕성은 무엇으로 이루어졌을까?

나는 천왕성이랑 아주 비슷해. 나를 이루는 성분의 80% 정도가 수소이고, 헬륨과 에탄, 메탄 등도 있지. 그러니 나 역시 먼 곳에서 바라보면 아주 푸른 빛으로 빛나고 있어.

나는 태양 엄마랑 멀리 떨어져 있어서 온도 역시 천왕성처럼 낮은 편이야. 그러고 보면 천왕성이랑 나는 서로 비슷한 점이 참 많은 것 같아.

천왕성   해왕성

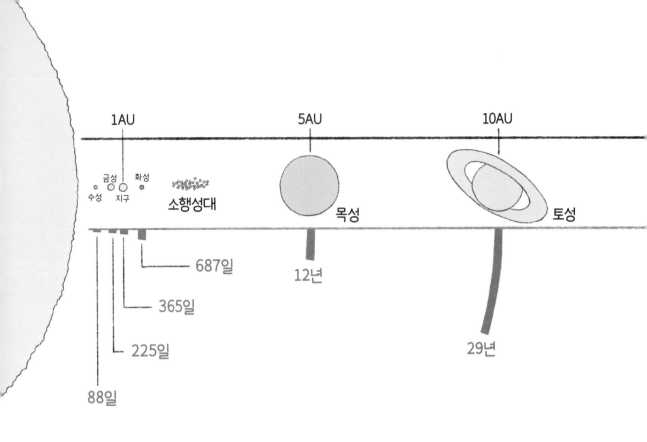

1AU 5AU 10AU

수성 금성 지구 화성 소행성대 목성 토성

687일

12년

365일

225일

29년

88일

해왕성의 1년은 165년

나는 태양으로부터 아주아주 멀리 떨어져 있어. 약 45억 km 정도 떨어져서 있지.

그러니 내가 태양 주변을 한 바퀴 돌려면 엄청난 시간이 걸려. 지구는 태양 주변을 한 바퀴 도는 데 365일밖에 걸리지 않지만, 나는 165년이 걸릴 정도야.

지구인이 내게 와서 산다면 한 살 생일을 맞지 못하지.

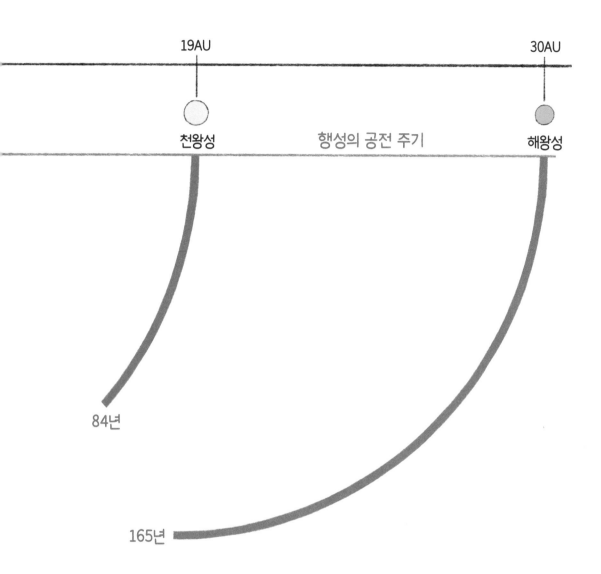

19AU

30AU

천왕성

해왕성

행성의 공전 주기

84년

165년

태양과 지구 사이의 평균 거리는 약 1억 4960만 km예요. 이 거리를 천문 단위(AU)라고 해요.
태양에서 행성까지의 거리는 매우 멀어서 천문 단위를 사용하여 비교해요.

해왕성은 작지만, 무거워

나는 천왕성보다 크기는 약간 작지만, 더 무거워. 천왕성이 지구의 14배 쯤 되는 질량을 갖고 있고, 나는 약 지구의 17배 이상 되는 질량을 갖고 있지.

우주의 행성마다 중력이 달라서 몸무게가 달라지는 거 알고 있지? 중력이 약한 행성에 가면 몸무게가 가벼워지고, 중력이 강한 행성에 가면 몸무게가 늘어나는 거야.

행성의 중력은 질량이 클수록 중력도 그만큼 커져. 하지만 밀도가 낮은 행성은 중심으로부터 거리가 멀수록 그만큼 표면 중력이 작아져. 그래서 밀도가 낮은 가스 행성들은 크기나 질량에 비해 의외로 중력이 강하지 않을 수 있어.

행성의 기준 세 가지

② 행성은 자체 중력으로 인해 공같이 둥근 형태를 이룬다.

① 행성은 태양의 주위를 돈다.

③ 행성은 공전 궤도 주변의 다른 천체를 빨아들일 만큼 중력을 갖고 있다.

명왕성은 왜 행성에서 빠졌을까?

나, 명왕성은 1930년에 발견된 태양계의 아홉 번째 행성이었어. 그런데 2006년 국제 천문학 연맹(IAU)에서 나를 행성이 아니라, 왜행성으로 정하고 말았지.

사실, 나는 달보다 작아. 질량도 매우 작아서 중력은 아주 약하지. 그래서 내 주변에 돌고 있는 얼음덩어리 등을 끌어들일 만큼 중력이 있지 못하다는 게 밝혀졌지 뭐야.

결국 나는 너무 작고, 약해서, 행성이 아니라 왜행성이 되고 말았어.

10 태양계를 찾아오는 손님들, 혜성

가스 꼬리

코마

먼지 꼬리

혜성의 핵:
얼음과 티끌, 가스
등이 뭉쳐진 덩어리

태양풍

혜성이 태양 가까이에
다가가면 태양열과 태양풍
때문에 핵에서 가스와 먼지가
뿜어져 나와 꼬리를 이루어요.

혜성의 꼬리는
100만~1000만
km이에요.

소행성: 행성보다 작지만,
유성체보다 큰 작은 행성.

유성체:
행성들 사이에 떠 있는 암석 조각.

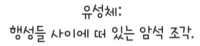

유성: 지구의 대기권 안으로 들어와 빛을
내며 떨어지는 작은 물체. 별똥별.

운석: 지구에 떨어진 별똥.

제발 지구에 충돌하지 말아줘!

나, 혜성은 태양 주변을 돌고 있는 긴 꼬리를 가진 천체들이야.

나는 하나가 아니라 여러 개야. 핼리 혜성, 추류모프-게라시멘코 혜성, 헤일-봅 혜성, 햐쿠타케 혜성, 이-스완 혜성 등이지.

나는 태양계를 돌다가 태양계 밖까지 나갔다 오기도 해. 그러면서 나는 태양계의 행성들과 부딪히곤 하지.

나는 1994년 7월에는 목성이랑 쾅 부딪혔는데, 지구에선 충돌 장면을 관찰할 수 없었다고 해. 내가 목성 뒤쪽에 부딪혔거든. 나중에 과학자들이 살펴보니 목성에 검은 상처가 여러 개 생긴 게 보이더래.

나는 지구와 충돌할 가능성도 있어. 과학자들은 혹시 내가 지구와 충돌하는 건 아닌지 조마조마하고 있단다.

혜성의 멋진 긴 꼬리는 먼지와 가스

나는 뿌옇고 어두운 꼬리를 달고 다녀. 사람들은 내 꼬리를 보고 무언가 불길한 일이 일어나면 어떡하나 두려워했대. 그래서 내가 지구 주변을 지나가는 날엔 크게 걱정했다지 뭐야.

하지만 걱정하지 마. 나의 몸통은 얼음과 먼지로 이루어져 있고, 꼬리는 먼지랑 가스들로 이뤄져 있지.

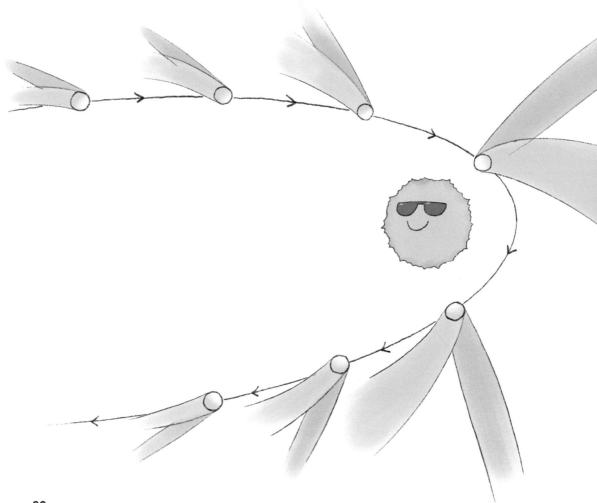

혜성이 찾아오는 시기는 수십 년 또는 수만 년

내가 태양계를 찾아오는 일정한 주기가 있어.

가장 유명한 핼리 혜성은 수십 년에 한 번 태양 가까이 왔다가 가지. 헤일-봅 혜성과 햐쿠타케 혜성은 수천 년에서 수만 년에 한 번 왔다가 가.

이렇게 태양 주변을 도는 주기가 달라서 사람들은 나를 '나그네별'이라고도 불러.

사람들은 나를 찾아 새로운 이름을 붙여 주기도 해. 이-스완(Yi-SWAN)이라는 이름은 2009년 대한민국의 과학자가 발견하고 붙여 준 이름이야. 대한민국 천문가인 이대암의 성을 땄단다.

핼리 혜성 궤도

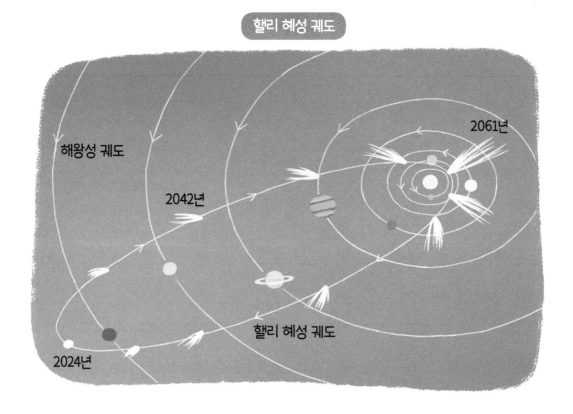

해왕성 궤도

2061년

2042년

2024년

핼리 혜성 궤도

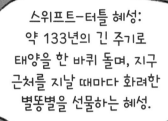
스위프트-터틀 혜성:
약 133년의 긴 주기로
태양을 한 바퀴 돌며, 지구
근처를 지날 때마다 화려한
별똥별을 선물하는 혜성.

궤도 주기: 133년

스위프트-터틀 혜성이
태양 주위를 돌면서 남긴
먼지 부스러기가 지구
대기권과 충돌해 불타면서
별똥별이 쏟아져 내려요.

해마다 지구는 혜성인 남긴
먼지 부스러기들을 지나요.

큰곰자리

작은곰자리

북극성

카시오페이아자리

안드로메다자리

페르세우스자리

페르세우스자리 방향에서 뿜어져 나오는 것처럼 보여 '페르세우스 유성우'라 이름 붙여졌어요.

매년 7월 중순부터 8월 말 사이 관측할 수 있어요.

잡히는 혜성, 사라지는 혜성

나는 태양계를 돌아다니다가 목성처럼 중력이 큰 행성을 만나면 꼼짝없이 갇혀 버리기도 해. 목성처럼 거대한 행성은 무언가를 잡아당기는 힘이 너무 세서 달아나지 못하고 계속 그 주위만 돌게 되는 거지.

그리고 태양 가까이 갔다가 뜨거운 나머지 사라져 버리거나 조각조각 나는 경우도 있어. 이런 조각들은 우주를 떠돌다가 별똥별이 되어 영원히 사라져.

퀴즈와
단어 풀이

태양계 관련 상식 퀴즈

태양계 관련 단어 풀이

태양계 관련 상식 퀴즈

01 태양계에서 제일 작고 빠른 날쌘돌이는 태양계 첫 번째 행성인 수성이에요.
(○, ×)

02 태양은 지금으로부터 약 46억 년 전에 태어났어요. (○, ×)

03 태양을 중심으로 돌고 있는 모든 천체를 통틀어 _____라고 해요.

04 수성은 혼자서 빙글빙글 도는 데 24시간이 걸려요. (○, ×)

05 금성은 지구보다 더 많은 _____를 갖고 있어서 기온이 아주 높아요.

06 금성은 스스로 한 바퀴를 돌 때 다른 행성과 반대 방향으로 돌아요.
(○, ×)

07 지구가 파란색으로 보이는 이유는 태양 빛이 대기와 부딪힐 때 푸른 색깔 빛
이 더 많이 퍼지기 때문이에요. (○, ×)

08 지구는 럭비공 같은 모양이어서 태양의 열이 지구 전체에 골고루 퍼져요.
(○, ×)

09 지구 안에 자석이 있는 게 아니라, 지구에 _____이 있어서 자석이
되어요.

10 달은 태양을 졸졸 따라다니는 위성이에요. (○, ×)

11 화성은 지구처럼 계절의 변화가 뚜렷하게 생겨요. (○, ×)

12 태양계에서 가장 크고 무거운 행성은 _____이에요.

13 태양을 중심으로 여러 천체가 도는 것처럼 목성 주위로 수많은 위성이 돌기
때문에 목성은 '작은 태양계'로 불려요. (○, ×)

14 _____은 위성을 145개나 가지고 있어 태양계에서 위성 부자로 불
려요.

15 타이탄에 있는 강과 호수, 바다는 지구와 완전히 같아요. (○, ×)

16 천왕성은 자전축이 98도쯤 기울어져 있어 멀리 있는 지구에서 보면 비스듬히 누운 모습이에요. (○ , ×)

17 천왕성 위성의 이름은 그리스와 로마 신화의 신이나 인물의 이름을 따서 지었어요. (○ , ×)

18 천왕성의 대기는 수소와 헬륨이 대부분이지만, ＿＿＿＿＿＿＿의 비율이 높아서 청록색으로 보여요.

19 토성을 관측하던 허셜은 1781년 우연히 토성 뒤에 있는 천왕성을 발견했어요. (○ , ×)

20 해왕성은 태양 주변을 한 바퀴 도는 데 165년이 걸려요. (○ , ×)

21 ＿＿＿＿＿＿＿이 약한 행성에 가면 몸무게가 가벼워지고, 중력이 강한 행성에 가면 몸무게가 늘어나요.

22 명왕성은 너무 작고, 약해서, 행성이 아니라 왜행성이 되었어요. (○ , ×)

23 태양 주변을 돌고 있는 긴 꼬리를 가진 천체들을 ＿＿＿＿＿＿＿이라고 해요.

24 혜성은 뿌옇고 어두운 꼬리를 달고 다녀요. (○ , ×)

25 태양 주변을 도는 주기가 달라서 사람들은 혜성을 ＿＿＿＿＿＿＿이라고 도 불러요.

정답
01 ○   02 ○   03 태양계   04 ×   05 이산화탄소   06 ○   07 ○   08 ×   09 자기장
10 ×   11 ○   12 목성   13 ○   14 토성   15 ×   16 ○   17 ×   18 메탄   19 ○
20 ○   21 중력   22 ○   23 혜성 또는 꼬리별   24 ○   25 나그네별

태양계 관련 단어 풀이

가시광선 : 사람의 눈으로 볼 수 있는 빛. 보통 가시광선의 파장 범위는 380~
800나노미터(nm) 정도.

공전 : 지구가 1년 동안 태양 주위를 한 바퀴 도는 것처럼, 한 천체가 다른 천체
의 둘레를 일정한 시간 간격으로 도는 일.

광구 : 빛이 직접 밖으로 나올 수 있는 별의 얇은 표면층. 태양의 광구는 우리가
직접 볼 수 있는 부분.

광합성 : 녹색식물이 빛을 이용해 이산화탄소와 물로 필요한 영양분을 만드는
과정.

국제 천문학 연맹(IAU) : 1919년에 설립된, 천문학의 국제적인 연구 기관.

밀도 : 물질이 얼마나 빽빽하게 구성되어 있는가를 나타내는 것으로 물질의 질
량을 부피로 나눈 값.

산화철 : 철이 산소와 만나 만들어진 화합물.

소행성 : 화성과 목성 사이의 궤도에서 태양 주위를 돌지만 행성보다 작은 행성.

소행성대 : 소행성이 많이 모여 있는 화성과 목성 사이의 지역.

스피큘 : 태양 채층을 구성하는 바늘 모양의 구조.

X선 : 눈에 보이지 않는 빛이지만, 물질을 잘 통과하는 성질이 있어 몸속에 있는
뼈를 촬영할 때 쓰임.

오르트 구름 : 태양계가 형성되면서 목성과 같은 거대 행성의 영향으로 밖으로
밀려난 혜성들로 구성된 구역.

온실 효과 : 온실처럼 지구의 대기가 태양에서 온 열이 지구 밖으로 빠져나가지
못하도록 막아서 지구의 평균 기온을 유지하는 작용.

왜행성 : 태양계를 도는 천체의 일종으로, 행성의 정의는 충족하지 못하지만 소

행성보다는 행성에 가까운 중간적 지위에 있는 천체.

운석 : 지구에 떨어진 별똥.

위성 : 행성의 주위를 도는 천체.

유성 : 별똥별. 지구의 대기권 안으로 들어와 빛을 내며 떨어지는 작은 물체.

유성체 : 행성들 사이에 떠 있는 암석 조각.

자기장 : 자석의 주위, 전류의 주위, 지구의 표면 따위와 같이 자기의 작용이 미
치는 공간.

자외선 : 파장이 가시광선보다 짧고 눈에 보이지 않는 빛.

자전 : 천체가 고정된 축을 중심으로 스스로 도는 것.

적외선 : 파장이 가시광선보다 길고 눈에 보이지 않는 빛.

채층 : 태양의 광구와 상층 대기인 코로나 사이의 대기층.

천체 : 항성, 행성, 위성, 혜성 등과 같이 우주에 존재하는 모든 물체.

카이퍼 벨트 : 해왕성 밖에 대부분 얼음으로 이뤄진 천체가 모여 있는 지역.

코로나 : 태양 대기의 가장 바깥층에 있는 엷은 가스층.

태양 폭발(플레어) : 태양의 광구와 코로나 사이의 대기층에 있는 물질이 급격
히 분출하면서 수 초에서 수 시간에 걸쳐 섬광을 내놓다가
소멸하는 현상.

태양풍 : 태양의 대기층에서 방출되는 미립자의 흐름.

행성 : 스스로 빛을 내지 못하고 태양과 같은 중심 별의 주위를 둥글게 도는 천
체.

혜성 : 꼬리별. 가스 상태의 빛나는 긴 꼬리를 끌고 태양의 둘레를 긴 타원이나
포물선 모양으로 도는 천체.

홍염 : 태양의 채층 전면에서 코로나 속으로 높이 소용돌이쳐 일어나는 붉은 불
꽃 모양의 가스체.

흑점 : 태양 표면에 보이는 검은 반점.